LE MONT SAINT-MICHEL

ÉDITIONS OUEST-FRANCE
13 rue du Breil, Rennes

Bernaches (oies marines) dans la baie. (Photo André Mauxion)
L'abbaye vue du sud-est (en vignette). (Photo Bertrand Dauleux)

Le Mont vu du sud-ouest. (Photo Bertrand Dauleux)

Les écrivains ont essayé de rendre la magie du Mont Saint-Michel. Madame de Sévigné écrivait à sa fille : « Je voyais de ma chambre la mer et le Mont Saint-Michel, ce Mont si orgueilleux que vous avez vu si fier et qui vous a vue si belle. » Victor Hugo pensait que le Mont est à la mer ce que la pyramide de Chéops est au désert. Guy de Maupassant a vu « l'abbaye escarpée, poussée là-bas, loin de la terre, comme un manoir fantastique, stupéfiante comme un palais de rêve, invraisemblablement étrange et belle ». Et Jules Michelet a bien précisé ce charme : « C'est et ce n'est plus la terre, ce n'est pas la mer. »

Le don de la terre et des eaux

En effet la mer fait partie de l'histoire, comme de la beauté, du Mont Saint-Michel. Dans des temps très reculés, elle a envahi la baie, mais elle laissa subsister quelques buttes, constituées de roches résistantes, le granit ou la granulite : le Mont Saint-Michel, d'une hauteur de quatre-vingts mètres, l'île de Tombelaine, ou le Mont Dol aujourd'hui dans les terres.

Puis la mer se retira, laissant la place à une forêt que la tradition a nommée forêt de Scissy. Le flot regagna peu à peu, au fil des siècles, le terrain abandonné. Les hommes virent peut-être un paysage bien différent de celui que nous connaissons, mais la mémoire collective a surtout gardé le souvenir d'un raz-de-marée qui aurait mis le Mont « au péril de la mer ». Une théorie veut que la forêt ait été longtemps protégée par un cordon littoral : en se rompant, cette dernière barrière naturelle aurait brutalement laissé la mer entourer le Mont.

L'amplitude des marées, c'est-à-dire la différence entre marée haute et marée basse, est très forte au Mont : c'est l'une des plus fortes du monde, plus de douze mètres. Comme la surface de la baie est presque plate, la mer se retire très loin, pour revenir très vite : près de vingt kilomètres en quelques heures, d'où la belle image du cheval au galop que la tradition a inventée pour le flux au Mont Saint-Michel.

Trois rivières principales viennent se jeter dans la baie et divaguent sur les grèves : la Sée, la Sélune et le Couesnon. C'est cette dernière rivière qui constitue la frontière entre la Bretagne et la Normandie, ce qui fit du Mont Saint-Michel, si proche de la Bretagne, un haut lieu normand ! L'eau court parfois sous les sables qui deviennent mouvants et dangereux, et la brume qui monte vite peut surprendre le pêcheur ou le promeneur.

Le Mont se dresse au-dessus des grèves, parfois couvertes d'une vase grise, la tangue. Lorsque la mer cesse de recouvrir les sables, des plantes y poussent, la salicorne ou la criste marine, qui peuvent résister au sel. C'est bientôt l'herbu, dont les moutons prés-salés font leurs délices.

Dans ce cadre de sable, de ciel et de mer, fut édifiée une abbaye aux allures de citadelle, dont la hauteur, au sommet de la flèche de l'église, atteint près de cent soixante-dix mètres.

Le Mont Tombe et le temps des ermites

C'est parce que le Mont Saint-Michel fut longtemps à l'écart de la civilisation qu'il fut paradoxalement un haut lieu de spiritualité et d'art.

En effet, les Romains, qui avaient occupé et transformé la Gaule, ne laissèrent pas de souvenir sur cette hauteur. Elle était à l'écart des belles voies qui permirent la diffusion des traditions romaines, et éloignée des grandes villes que l'Antiquité privilégia toujours. Néanmoins, le Mont fut peut-être le siège de cultes païens que la religion chrétienne évinça et remplaça.

Car, avec la diffusion du christianisme, tout changea. Des missionnaires répandirent le message du Christ dans l'ensemble de l'Empire romain qui devint peu à peu chrétien, avant de se disloquer sous les assauts répétés des Barbares, les envahisseurs venus de l'Est. Ceux-ci, ainsi les Francs de Clovis, adoptèrent à leur tour la religion chrétienne.

L'abbaye vue du sud-ouest. (Photo Bertrand Dauleux)

Le Mont s'appela d'abord Mont Tombe, du mot celtique « tun » qui signifiait élévation, ou du mot latin « tumba », le tombeau. Or, le christianisme encourageait les fidèles les plus pieux à quitter leurs biens, leur famille, leurs amis et à abandonner les villes, pour vivre dans la solitude et la pauvreté — le contraire de l'idéal romain — et pour prier Dieu. Le Mont était un lieu rêvé pour ces ermites : ils y édifièrent les premiers oratoires, l'un dédié à saint Etienne, l'autre à saint Symphorien. La légende veut que ces pieux chrétiens aient allumé des feux pour avertir les habitants d'Astériac, plus tard Beauvoir. Lorsqu'ils apercevaient les fumées, les paysans chargeaient de vivres un âne que la main divine conduisait jusqu'aux retraites profondes des ermites. Un loup, qui dévora le baudet, fut condamné par Dieu à le remplacer.

La consécration à saint Michel

Il manquait encore à ce site exceptionnel une consécration qui le fût aussi. Le culte de saint Michel s'était répandu dans la chrétienté, à travers l'Asie Mineure, la Grèce, puis l'Italie. Dans la tradition biblique, Michel était l'un des « archanges » avec Raphaël et Gabriel. Lorsque Satan, l'ange déchu, s'était dressé contre Dieu, l'archange s'était opposé à lui, en s'écriant « Qui est comme Dieu ? » — *Mi-ka-el* en hébreu. Et il devint le prince des milices célestes. Le culte de l'archange saint Michel fut volontiers associé au tonnerre et à l'éclair, mais aussi aux hautes cimes solitaires. Il apparut au Monte Gargano, éperon rocheux sur la mer Adriatique, mais aussi à Rome, où le mausolée d'Adrien devint le château Saint-Ange pour conserver le souvenir de cette apparition.

Dans un monde bouleversé par la fin de l'Empire romain, les évêques, forts de leur rôle spirituel, étaient les seules autorités incontestées dans les cités. Au début du VIIIe siècle, l'évêque d'Avranches, ville voisine du Mont, s'appelait Aubert. Un récit tardif raconta comment il dédia le Mont à saint Michel. L'évêque vit l'archange dans son sommeil et Michel lui ordonnait de construire un édifice sur le rocher. La légende veut que l'archange, pour persuader Aubert, ait enfoncé son doigt dans le crâne de l'incrédule. Il fallut encore que l'ange accumulât les signes. Un taureau volé fut retrouvé en haut du rocher, comme l'archange l'avait annoncé. Aubert envoya deux messagers vers l'Italie et le Monte Gargano. Ils en rapportèrent un morceau du manteau rouge que portait saint Michel lorsqu'il était apparu en Italie et un fragment de l'autel où il avait posé le pied. Ainsi était bien marquée la filiation entre le sanctuaire italien et le Mont, qui fut consacré le 16 octobre 708 : le Mont Saint-Michel naissait. Lorsque les messagers rentrèrent d'Italie, ils auraient découvert un « monde nouveau là où ils n'avaient laissé que d'épais buissons ». Cela indiquerait que la mer avait alors, complètement et brutalement, remplacé la forêt : le Mont Saint-Michel était bien une île.

Sur le rocher, il n'existait jusqu'alors que quelques cabanes, éparpillées entre les deux oratoires. Aubert décida de construire une église. L'emplacement fut indiqué par un nouveau miracle : une rosée tomba du ciel et, sur l'espace laissé sec, devait s'élever l'édifice. L'évêque rassembla des paysans qui aménagèrent le lieu. Là encore le ciel aida les hommes. Un habitant du village d'Huysnes eut une vision. Il quitta sa maison avec ses douze fils et il débarrassa le terrain d'une énorme pierre. Une autre légende veut que ce soit l'un de ses enfants, alors en bas âge, qui, en la touchant du pied, réalisa ce prodige. La vie aurait été impossible sans eau potable. Un miracle, une fois de plus, permit de découvrir une source, la fontaine dite Saint-Aubert, au pied du rocher.

Aubert installa des clercs pour assurer le culte de saint Michel. De l'église originelle, le seul souvenir est peut-être ce mur de grosses pierres, dit mur cyclopéen, qui se remarque dans l'une des cryptes, Notre-Dame-sous-Terre.

Cette consécration précédait des temps nouveaux pour l'Occident. Un empire, franc cette fois, s'imposait sous la férule de Charlemagne, ce qui signifiait une réorganisation politique et une renaissance intellectuelle.

Le Mont vu du nord-ouest. (Photo Hervé Champollion)

Le duc de Normandie crée l'abbaye bénédictine

Mais ce renouveau carolingien fut bientôt compromis par une nouvelle menace, venant désormais de la mer : les expéditions annuelles des hommes du Nord, les Normands, ces rois de la mer ou Vikings. Ils pillèrent l'église du Mont Saint-Michel en 847. Pourtant les disciples d'Aubert n'abandonnèrent pas leur île, à la différence de bien d'autres moines qui quittèrent les monastères en péril et emportèrent au loin, à l'intérieur des terres, les précieuses reliques de leurs saints.

Les Normands finirent par s'installer durablement sur les côtes et sur la Seine. En 911, le descendant de Charlemagne, le roi de France, Charles le Simple, conclut avec un chef viking, Rolf ou Rollon, un accord, qu'il est convenu d'appeler le traité de Saint-Clair-sur-Epte. Il recevait le territoire connu désormais comme la Normandie, mais il reconnaissait la suzeraineté du roi de France, se convertissait au catholicisme, défendait les hommes d'Eglise et imposait cette loi à tous les autres Normands. En 933, le fils de Rollon obtint le Cotentin et l'Avranchin. En 942, Richard Ier, le petit-fils de Rollon, devenait le chef des Normands à l'âge de 10 ans. Il allait montrer plus tard un zèle marqué pour la nouvelle foi des Vikings et voulait relever l'Eglise de son duché.

Il y avait encore des hommes de Dieu au Mont — souvent désignés comme des chanoines. Mais ils semblaient trop indépendants et menaient une vie fastueuse, peu conforme aux règles chrétiennes. Or une réforme profonde transformait la vie de l'Eglise. En 910, l'abbaye de Cluny avait été fondée : elle proposait un nouveau modèle de vie aux hommes qui consacraient leur vie à Dieu, et elle s'inspirait de la « règle » bénédictine. Cette organisation de la vie monastique avait été imaginée par saint Benoît (*Benedictus*) de Murcie en 529, puis réformée par Benoît d'Aniane en 817.

Richard Ier de Normandie avait rencontré le roi de France, Lothaire, sur les bords de l'Epte en 965 et son pouvoir politique était bien assuré. Le duc décida de se consacrer à une réforme religieuse et en 966 il imposa au Mont Saint-Michel la règle de saint Benoît. Les anciens chanoines furent chassés, ainsi que le gardien des reliques, qui dissimula les restes de saint Aubert. Le duc installa des moines bénédictins, choisis parmi des religieux qui venaient de Gand et qui avaient déjà réussi à Fontenelle, aujourd'hui Saint-Wandrille. Maynard fut imposé comme le premier abbé du Mont, où il insista sur les principes bénédictins : la pauvreté personnelle, la chasteté et l'obéissance à l'abbé. L'église elle-même fut bientôt reconstruite : c'est aujourd'hui une crypte, Notre-Dame-sous-Terre.

La communauté monastique avait désormais un chef et un père, l'abbé, qui avait une totale autorité sur les moines. Théoriquement, ceux-ci avaient le droit d'élire celui-là, mais les ducs de Normandie imposèrent souvent leurs candidats. La vocation des moines était de prier, pour tous les autres hommes, pour l'ensemble de la société dont ils étaient l'âme et qui devait assurer leur vie quotidienne.

Le duc Richard II et Guillaume de Volpiano : la réforme de l'Eglise normande

Richard II (996-1026) fut le premier à aimer se faire appeler « duc de Normandie ». C'est au Mont Saint-Michel qu'il épousa Judith, la fille de Conan, le duc de Bretagne. Le duc de Normandie, les visiteurs illustres, mais aussi tous les chrétiens étaient ainsi appelés à faire des dons pour accroître le domaine de l'abbaye, qui, dans la société féodale, était comme une seigneurie collective. Si chaque moine était pauvre, l'abbaye, elle, pouvait être riche pour rendre ses cérémonies plus solennelles et ses bâtiments plus beaux, et ainsi célébrer Dieu.

La porte de l'Avancée. (Photo Bertrand Dauleux)

La porte du Boulevard. (Photo Bertrand Dauleux)

Les bombardes anglaises. (Photo Bertrand Dauleux)

Même si les ducs avaient apporté l'unité et la paix en Normandie, des conflits éclataient encore sur les confins du duché. A la demande de Richard II, un roi norvégien vint piller Dol et les sagas scandinaves évoquent la bataille livrée dans le « fjord en rond », c'est-à-dire la baie du Mont Saint-Michel.

Richard II encouragea une nouvelle réforme de l'Eglise normande et, pour cela, il fit appel à Guillaume de Volpiano (962-1031). C'était un Italien, qui avait réorganisé nombre d'abbayes, avant de gagner Dijon et la Bourgogne, où l'avait appelé l'abbé de Cluny, Maïeul. Guillaume s'installa donc à Fécamp et il réforma les monastères normands : Saint-Ouen de Rouen, Bernay, Cerisy et le Mont Saint-Michel. Grâce à lui, la Normandie allait devenir une pépinière d'évêques et d'abbés, austères et savants.

A travers Guillaume, ce fut l'influence de Cluny qui prévalait encore. La prière des moines passait par des célébrations, en premier lieu la messe conventuelle avec toute la communauté, et des messes particulières pour chacun des moines. La multiplication des offices supposait des constructions adaptées : une grande église et de nombreuses chapelles, donc une architecture ambitieuse par ses dimensions et complexe dans son aménagement. La multiplication des moines exigeait des logis conventuels suffisants. Tout ceci explique que Guillaume de Volpiano ait été aussi passionné d'architecture et que sa réforme soit passée par de nouvelles constructions.

Guillaume exerça son influence au Mont à travers ses parents ou ses disciples qu'il imposa comme abbés.

Un pari architectural : la construction de l'abbaye romane

Au Mont, toute construction restait une gageure. Il fallait tenir compte du site escarpé et de la forme conique du rocher pour imaginer une grande église. Il y avait urgence, car un incendie détruisit les vieux bâtiments en 992 : il aurait été annoncé par l'apparition d'une comète. Il fallut près d'un siècle pour achever cet édifice roman. Notre-Dame-sous-Terre fut couverte d'une voûte, ce qui montrait les techniques et les goûts nouveaux. Puis fut construite la crypte de Notre-Dame-des-Trente-Cierges. Elle devait soutenir le transept de l'église au nord. La chapelle Saint-Martin soutenait, avec sa voûte en berceau de plein cintre, le transept au sud. Les moines aimaient les voûtes de pierre qui amélioraient l'acoustique pour le chant grégorien.

La solidité de l'église était assurée désormais par un squelette de colonnes et d'arcs, et non par un entassement de pierres. L'œuvre de maçonnerie devenait œuvre d'architecture. Les arcs permettaient d'ouvrir des tribunes et des fenêtres pour faire entrer la lumière. La nef avait alors sept travées, elle dominait le Mont et fut terminée vers 1084. Le mur nord de l'église s'effondra pourtant sur le dortoir, une nuit de 1103, alors que les moines étaient, par bonheur, dans l'église.

L'abbaye romane fut achevée au début du XIIe siècle et s'ouvrait au nord-ouest. Les bâtiments conventuels s'élevaient sur trois étages. Près de l'entrée, les moines recevaient les pèlerins dans l'aumônerie, appelée aujourd'hui salle de l'Aquilon. La vie domestique se déroulait dans les édifices situés au-dessus, le promenoir des moines et enfin le dortoir, au niveau de l'église, pour permettre aux moines d'y accéder plus facilement la nuit, pour matines.

L'épopée de Guillaume le Conquérant

Le duc Robert, fils de Richard II, eut de la belle Arlette un fils bâtard, Guillaume, qui réussit à imposer son autorité et l'ordre en Normandie. Il mena une expédition contre le duc de Bretagne et pour cela il demanda l'aide du comte saxon Harold. La broderie ou tapisserie de

1

1 - Les remparts vus du Grand Degré extérieur.
(Photo Bertrand Dauleux)

2 - L'abbaye vue du nord-est :
la Merveille et le Châtelet. (Photo Bertrand Dauleux)

3 - Le Grand Degré intérieur
vu du Saut-Gautier. (Photo Bertrand Dauleux)

2

3

Bayeux, qui raconta plus tard l'épopée de Guillaume, montre le duc qui traverse le Couesnon avec son armée. Derrière lui, le Mont est représenté : un bâtiment, orné de deux tours et surmonté d'un large toit, est posé sur une plate-forme au sommet du rocher. C'est assez dire le renom du site.

Néanmoins, à la mort du roi d'Angleterre, Edouard le Confesseur, cousin de Guillaume, Harold s'empara de la couronne. Le Bâtard prépara un débarquement et vainquit son rival à Hastings en 1066, avant d'être couronné à Westminster. Il était pour la postérité le « Conquérant » et il unissait l'Angleterre à la Normandie. L'abbé du Mont envoya, pour féliciter le vainqueur, quatre moines que Guillaume, le roi-duc, donna comme conseillers à son frère Odon, régent d'Angleterre. Guillaume installa bientôt son chapelain comme abbé du Mont, Roger Ier (1085-1102).

Au XIe siècle, le Mont Saint-Michel était devenu aussi un centre intellectuel. En effet, pour mieux prier Dieu et pour approfondir leur foi, les moines avaient besoin de textes sacrés ou de réflexions sur l'Ecriture sainte. Ainsi les manuscrits circulaient-ils de monastère en monastère. Ils étaient copiés, enluminés, c'est-à-dire illustrés, et commentés dans le *scriptorium*, l'atelier des copistes : Robert de Tombelaine commenta le *Cantique des Cantiques*. Ces textes servaient à embellir les cérémonies, et c'était l'un des trésors des abbayes bénédictines. Lanfranc, l'un des meilleurs esprits de son temps, quitta l'Italie et vint s'installer à Avranches. Sa présence fut à l'origine d'une fermentation intellectuelle qui ne manqua pas de toucher les abbayes proches : celle du Bec, fondée par le chevalier Hellouin, Lessay ou le Mont. Guillaume eut recours à ces érudits pour encadrer l'Eglise dans l'Angleterre qu'il venait de conquérir : Lanfranc devint archevêque de Cantorbéry. L'abbaye avait bien deux fonctions : d'une part recevoir des moines venus d'autres monastères, d'autre part envoyer vers d'autres terres des religieux pour administrer, enseigner ou convertir.

Parce que la chrétienté du XIe siècle était avide de surnaturel, les miracles se multiplièrent, que les moines notèrent et que les pèlerins racontèrent, les uns et les autres contribuant ainsi à la gloire spirituelle du Mont. Une jeune femme, enceinte, fut surprise dans les douleurs par la marée, mais la mer l'épargna. Surtout on redécouvrit les ossements de saint Aubert. Une musique divine se répandit dans le monastère, les moines trouvèrent des coffrets, les serrures sautèrent d'elles-mêmes, une force inconnue accabla un moine incrédule. Ainsi l'abbaye possédait les reliques de son fondateur, dont un crâne percé d'un trou, rappelant ainsi le geste de l'archange.

Si les pèlerins vinrent prier au Mont, des chrétiens voulurent aussi s'y installer. Norgod, un évêque d'Avranches, vit le Mont auréolé dans la nuit d'une lueur céleste, la « clarté Saint-Michel » : il vint se retirer à l'abbaye. Un grand guerrier normand, Néel de Saint-Sauveur, vint aussi y chercher l'apaisement après une longue vie de combats.

L'apogée du Mont au temps de Robert de Thorigny

Le Mont fut entraîné dans les querelles de succession qui éclatèrent entre les descendants de Guillaume. Un fils du Conquérant, Henri Beau-Clerc, se rebella contre ses frères, le roi d'Angleterre Guillaume le Roux et le duc de Normandie Robert Courte-Heuse. Il s'enferma dans le monastère du Mont qui était aussi une citadelle, mais il dut finalement capituler. Il prit sa revanche plus tard en devenant à la fois roi et duc, sous le nom d'Henri Ier. Sa fille épousa le comte d'Anjou, Geoffroy Plantagenêt : leur fils, Henri, était l'héritier d'Henri Ier, mais cet héritage lui fut contesté. Le Mont et Avranches s'affrontèrent même dans cette nouvelle guerre civile. Néanmoins l'abbé du Mont, Bernard du Bec (1131-1149) réussit à imposer une réforme religieuse au Mont : il mit fin aux querelles dans la communauté, il obligea les moines à faire des retraites spirituelles à Tombelaine. Henri II Plantagenêt réussit à rétablir la paix dans le duché et en Angleterre, territoires auxquels il ajouta, par son mariage avec Aliénor d'Aquitaine, une belle partie de la France.

La façade de l'église. (Photo Bertrand Dauleux)

Le clocher de l'église. (Photo Bertrand Dauleux)

La nef romane de l'église. (Photo Bertrand Dauleux)

Henri II fut très satisfait lorsque Robert de Thorigny devint abbé : il le fut de 1154 à 1186 et il s'affirma comme l'un des conseillers du duc-roi. Issu de la noblesse, c'était d'abord un historien et un chroniqueur : il avait rédigé une *Histoire d'Henri Ier*, le grand-père de Henri II. Il réussit à faire venir au Mont des évêques, mais aussi Henri II lui-même. Comme celui-ci venait de signer une paix avec le roi de France, Louis VII, les deux souverains se rendirent au Mont avec leurs suites. On vit rarement pareil cortège.

L'abbé du Mont fut de plus en plus étroitement mêlé aux affaires politiques du duché et associé aux grands événements de la famille de Henri II. En 1170, ce roi laissa ses familiers assassiner l'archevêque de Cantorbéry, Thomas Becket, dans sa cathédrale. Ecclésiastique, mais aussi homme du roi, Robert de Thorigny s'efforça de réconcilier l'Eglise et le souverain, et prépara l'humiliation symbolique de Henri II sur le parvis de la cathédrale d'Avranches. Grâce à cette prudence, Robert de Thorigny vit son influence grandir dans l'Eglise et dans la chrétienté.

Robert créa aussi une école montoise qui forma les novices à la musique et à la poésie. L'un d'eux, Guillaume de Saint-Pair, fut un « trouvère » puisqu'il écrivit, en langue romane et non en latin, son poème, le *Roman du Mont Saint-Michel.*

Enfin Robert agrandit l'abbaye. Une hôtellerie, pour accueillir les pèlerins, fut construite au sud du monastère. Ces bâtiments s'effondrèrent au début du XIXe siècle. L'abbé se fit aménager pour lui-même à l'ouest d'austères appartements. Il éleva aussi deux tours sur la façade de l'église.

Le temps de l'abbé Robert fut l'apogée du Mont : apogée politique, matériel et intellectuel. C'est aussi la fin d'une époque : celle de l'art roman et celle des ducs.

Le roi de France, nouveau protecteur du monastère, et la construction de la Merveille

Après la mort de Richard Cœur de Lion en 1199, le roi de France, Philippe Auguste, profita de la faiblesse de la dynastie anglaise pour conquérir la Normandie. Le Mont, fidèle aux Anglais, fut encore enveloppé par la guerre et dut subir l'assaut d'un allié des Français, Guy de Thouars. Les moines résistèrent, mais un incendie détruisit en 1203 de nombreuses maisons de la ville et une partie de l'abbaye. Après la victoire de Bouvines, Philippe devint le maître incontesté de la Normandie. Il lui fallait désormais gagner la fidélité et l'amour de ses sujets normands. Il envoya une importante somme d'argent à l'abbé pour les frais de reconstruction. Le petit-fils de Philippe, Louis IX, le futur Saint Louis, vint au Mont en 1256 et déposa un sac d'or sur l'autel. Cette somme devait servir aux fortifications. Philippe le Bel fit le pèlerinage en 1311. Ces visites royales confirmaient la protection du pouvoir temporel sur l'abbaye. Mais cette autorité était lointaine et le roi de France, à la différence des ducs de Normandie, n'intervint guère dans la vie interne de la communauté ou l'élection des abbés. Le Mont allait jouir d'une belle indépendance.

Dès la fin du XIIe siècle, les abbés projetèrent d'édifier, au nord de l'abbaye, de nouveaux bâtiments pour les moines. En effet les religieux étaient fatigués de l'obscurité et de l'étroitesse des salles romanes : ils voulaient de l'espace, de la lumière et de la beauté pour le cadre de leur vie quotidienne. Un ensemble d'immenses salles, sur trois étages, fut donc créé dans les quarante premières années du XIIIe siècle : c'est ce qui fut appelé la Merveille. Au moment où s'ouvraient en Europe les chantiers des grandes cathédrales, le Mont participait ainsi à l'essor de cet art qualifié plus tard de « gothique ».

Il fallut étayer, alléger et soutenir cette énorme masse de pierre. Des contreforts puissants qui s'appuyaient sur les anfractuosités du rocher servirent d'étais. Piliers et voûtes supportaient chacun des trois étages. L'innovation technique avait permis une réussite architecturale, mais aussi esthétique. Une décoration précieuse, en particulier dans le cloître, acheva ce chef-d'œuvre.

Les trois étages de la partie orientale furent construits d'abord avec, de bas en haut, l'aumô-

L'abbaye vue du sud-ouest. (Photo Hervé Champollion)

L'abbaye vue de l'ouest avec la Merveille et l'église. (Photo Hervé Champollion)

nerie, la salle des Hôtes et le réfectoire. Ensuite vinrent les trois étages de la partie occidentale avec le cellier, la salle des Chevaliers et le cloître. Une troisième partie était prévue : elle ne put être construite. L'organisation de la Merveille était rationnelle. La double vocation de l'abbaye fut respectée : la vie de prière des moines et l'accueil des pèlerins. Le domaine réservé des moines, la clôture, était constitué du réfectoire et du cloître au sommet de l'édifice. A l'étage intermédiaire, à l'ouest, la salle dite des Chevaliers était le chauffoir, le lieu de travail. A l'étage inférieur, le cellier était encore lié à la vie des moines qui y rassemblaient les vivres, tandis que l'aumônerie, à côté, permettait d'accueillir les pèlerins, surtout les plus pauvres : l'aumônier puisait la nourriture dans le cellier. Au-dessus de l'aumônerie, à l'étage intermédiaire, la salle des Hôtes était destinée aux visiteurs de marque. Plus proches des moines qui travaillaient dans la salle voisine, ils pénétraient ainsi plus avant dans la vie de la communauté. L'architecture était aussi un reflet de la société, une image de la hiérarchie médiévale : en bas les pauvres, au-dessus les seigneurs, au sommet les hommes d'Église.

Au moment où étaient édifiés ces bâtiments conventuels, la communauté connaissait des difficultés. En Occident, les bénédictins avaient été critiqués par d'autres moines, d'une part par les cisterciens qui leur reprochaient d'avoir abandonné le travail manuel, d'autre part par les ordres mendiants qui critiquaient leurs richesses et leur souci du confort matériel. Au Mont, la crise fut souvent aiguë. Malgré tout, des abbés surent s'imposer, et finalement ce fut l'archange qui sauva le Mont : les moines devaient éviter les scandales et recevoir avec décence les pèlerins, dont les dons aidaient l'abbaye à vivre et à prospérer.

De matines à complies, la vie quotidienne au Mont

Les moines, une soixantaine au temps de Robert de Thorigny, avaient retrouvé la faculté d'élire leur abbé mais celui-ci devait promettre fidélité au roi de France, jurer obéissance à l'évêque d'Avranches et s'engager à respecter les coutumes du monastère, c'est-à-dire les droits des religieux. Les moines « profès » — qui avaient prononcé leurs vœux — se réunissaient en « chapitre » pour discuter des affaires de l'abbaye. A la fin du Moyen Age, l'abbé fut souvent absent et la communauté monastique prit une grande indépendance. Aux profès, souvent issus de la noblesse, il faut ajouter les moines convers, de plus modeste naissance, qui s'occupaient des tâches domestiques, et les novices qui se préparaient à la vie monastique, ainsi que tout un monde de serviteurs et de gardes.

La journée était rythmée par les huit heures canoniales (matines, laudes, prime, tierce, sexte, none, vêpres, complies), et par deux grandes messes. Dans l'église abbatiale, les moines se réservaient le chœur, tandis que les pèlerins priaient dans la nef. Néanmoins tout l'espace du monastère pouvait servir de cadre à des cérémonies religieuses : le cloître comme les cryptes, les grands escaliers, ou degrés, comme la nef.

Car les bénédictins s'ingénièrent à varier et à embellir la célébration de Dieu. Ils laissaient alors leur habit noir pour porter l'aube blanche, ou la chape, long manteau de cérémonie. Les cierges, l'eau bénite et l'encens, les crucifix et tous les objets du culte, le dais, l'or des reliquaires, les Evangiles et les manuscrits enluminés, les représentations sculptées des saints : autant d'éléments qui ornaient les fêtes religieuses. Mais l'essentiel restait la prière, selon les règles du plain-chant. La célébration de la parole divine donnait même lieu à de véritables représentations, proches du théâtre, les mystères.

Vivre au Mont, c'était accepter un isolement géographique, sur ce rocher entouré par la mer. L'abbaye vivait dans une certaine autarcie : il fallait prévoir des vivres, construire des citernes pour l'eau, assurer le soin des malades et l'éducation des novices. Pourtant la communauté restait à l'écoute du monde par l'afflux des pèlerins. Avec le temps, les bénédictins furent de plus en plus soucieux de leur confort, et ils en oublièrent un peu la règle de leur ordre en ne s'interdisant pas des formes de luxe.

Le Mont, vue aérienne. (Photo Hervé Champollion)

Les marcheurs de Dieu en route vers le Mont

Les pèlerins prirent très tôt le chemin du Mont, attirés par le culte de saint Michel. Leur nombre augmenta avec la fondation de l'abbaye en 966, puis au temps des croisades puisque la croisade était aussi un pèlerinage vers la cité sainte, Jérusalem. Si le Mont était d'abord un haut lieu pour les Normands, mais aussi pour les Bretons, il attira des fidèles venus de toute l'Europe. Et le culte de l'archange connut en France un regain de faveur lorsque le Mont résista, avec succès, aux Anglais pendant la guerre de Cent Ans.

Les voyageurs gagnaient le monastère pour y prier, pour y remercier Dieu d'un bienfait, pour accomplir un vœu. Mais le pèlerin demandait aussi le pardon de ses péchés. Un pèlerinage pouvait même être la peine fixée par un tribunal. De tels voyages étaient aussi destinés à obtenir une guérison. Les récits des moines entretenaient cette grande espérance.

Le pèlerin se munissait du bourdon, un bâton avec un nœud au milieu et une crosse à l'extrémité, et de la besace de cuir. Son habit aussi le distinguait, avec la cape ou pèlerine. Il suivait les chemins « montais » ou chemins du Paradis, et cinq routes principales atteignaient le Mont. Mais les dangers étaient nombreux : brigands, épidémies, guerres. Les chemins étaient donc jalonnés de relais ou sauvetés, mais aussi d'hôtels-Dieu pour les malades. Il restait à traverser les grèves à marée basse — ce qui était souvent périlleux. Au Mont, de grandes foules se pressaient lors des cérémonies, d'autant plus que ces chrétiens étaient avides de merveilleux. Les reliques surtout étaient au centre de la vénération des pèlerins car elles étaient supposées avoir des vertus miraculeuses. Le voyageur faisait une offrande à Michel, et, avant de partir, il choisissait souvent quelque souvenir : une coquille de bucarde, ou une enseigne de pèlerinage ; ces objets de plomb ou d'étain étaient cousus sur le vêtement et représentaient l'archange.

Dès le début du XIVe siècle, les pèlerinages d'enfants ou d'adolescents se multiplièrent. Ces « croisades » enfantines étaient aussi des fêtes de la jeunesse, mais elles furent aussi des ferments de désordre, puisque des valets, des apprentis, des vagabonds se mêlaient aux jeunes gens. On appela ces jeunes pèlerins les « pastoureaux », nom donné aux petits bergers. Les enfants étaient parfois très jeunes — 8 ans — et venaient de loin, des pays du Rhin ou du sud de la France. Ils étaient encadrés par des étudiants, se groupaient derrière les étendards de leur localité à l'effigie de saint Michel. Ils partaient parfois contre la volonté de leurs parents et restaient longtemps absents. Même s'ils recevaient des secours sur leur route, ils étaient menacés par la fatigue, la maladie ou la mort. Les autorités politiques et religieuses s'inquiétèrent de tels phénomènes, mais les pèlerinages d'enfants existèrent jusqu'à la Révolution française.

Le Mont, un symbole de la résistance dans la guerre de Cent Ans

La guerre entre la France et l'Angleterre menaça dès le début du XIVe siècle. Avec la peste qui éclata dans la chrétienté, les combats ravagèrent le royaume. Ce fut la guerre dite de Cent Ans. Après les défaites de Poitiers et de Crécy, un redressement fut amorcé par le roi Charles V, aidé de Bertrand du Guesclin. Ce chevalier breton était capitaine de Pontorson. Lorsqu'il quitta plus tard la France pour l'Espagne, le futur connétable de France confia son épouse, Tiphaine Raguenel, à la protection de l'archange. La demeure de Tiphaine se trouvait au sommet de la ville. Elle s'y consacra aux bonnes œuvres et à l'astrologie dont elle était passionnée.

L'abbé Pierre le Roi se hâta de fortifier l'abbaye : l'entrée du monastère fut défendue par des tours et des remparts, constituant le châtelet et sa barbacane. Il acheva les logis abbatiaux au sud du Mont : c'est là que résidait l'abbé et qu'étaient installés les services administratifs et judiciaires.

1

2

1 - Le chœur flamboyant. (Photo Bertrand Dauleux)

2 - Le côté septentrional de la nef romane (XIIe siècle). (Photo Hervé Champollion)

3 - Les armes de l'abbaye. (Photo Bertrand Dauleux)

4 - Le chevet de l'église. (Photo Bertrand Dauleux)

3

4

Charles VI, le roi qui allait sombrer dans la folie, vint en pèlerinage au Mont. Il fit de Pierre le Roi, qui était aussi un universitaire réputé, son conseiller pour les affaires ecclésiastiques, au moment où l'Eglise était bouleversée par le Grand Schisme d'Occident et l'affrontement entre deux papes.

La Normandie tomba aux mains des ennemis, en 1415, après le désastre français d'Azincourt. Le duc de Bedford, frère du souverain anglais, fut chargé de gouverner la province et il sut gagner à sa cause de grands personnages normands. Parmi eux, Robert Jolivet, le successeur de Pierre le Roi qui accepta de conseiller Bedford et reçut, en récompense, tous les biens du monastère.

Les moines refusèrent de suivre leur abbé dans sa trahison. Des chevaliers, dépossédés de leurs terres, s'étaient réfugiés auprès d'eux. Ils restèrent fidèles à la cause française dont l'unique défenseur était le dauphin Charles, plus tard Charles VII, réfugié à Bourges.

Au Mont, le chœur roman s'effondra, et la guerre rendit toute reconstruction impossible. Comme un présage sinistre, en 1420, le Couesnon changea de cours à la suite d'une grande marée et passa entre le Mont et Tombelaine. Cet îlot tomba bientôt aux mains des Anglais qui y installèrent une garnison.

Les vainqueurs décidèrent d'abattre cette place forte qui leur résistait. Une citadelle, bien défendue par ses remparts et par la mer, était imprenable. Il fallait l'encercler pour l'obliger, par la famine, à se rendre. Le siège commença en 1424. Des troupes nombreuses s'installèrent sur le pourtour de la baie. Un fortin de bois, la « bastille », fut construit à Ardevon, en face du Mont, pour surveiller les grèves. Enfin une flottille vint assurer le blocus par mer. Une expédition de nobles bretons quitta Saint-Malo ; d'habiles marins se lancèrent à l'assaut des nefs anglaises et les dispersèrent. Cette victoire navale rendait possible l'approvisionnement du Mont par la mer. Le siège total avait échoué et la citadelle n'avait pas succombé.

Ce succès était le premier depuis longtemps pour le camp français, qui reprit confiance. L'archange semblait avoir permis cet événement : son culte y gagna un prestige nouveau. C'est pourquoi saint Michel fut l'un de ceux qui apparurent à Jeanne d'Arc : « Je suis Michel, protecteur de la France, lève-toi et va au secours du roi de France. » Et il guida la bergère de Lorraine dans sa grande épopée. L'aventure de la Pucelle ne ressembla-t-elle pas aussi à certains pèlerinages de pastoureaux ?

Un habile capitaine, Louis d'Estouteville, fut nommé par Charles VII à la tête de la garnison montoise. Il tenta de mettre fin aux querelles, aux complots, aux débauches qui régnaient dans l'abbaye, car les hommes de guerre y avaient introduit tous les excès de leur vie. Cette reprise en main permit à la citadelle de résister à la dernière tentative anglaise en 1433. Un incendie se déclara dans la ville, les maisons de bois furent détruites et les remparts endommagés. Les Anglais voulurent profiter de l'occasion. Ils s'approchèrent en grand nombre, soutenus par de terribles machines de guerre qui ouvrirent une brèche dans les murailles. Les ennemis crurent la ville prise, mais la garnison tint bon, et les attaquants durent reculer. Les chevaliers du Mont récupérèrent deux énormes bombardes qui furent installées à l'entrée de ville — on les y voit toujours.

La ville avait été protégée par une ceinture de remparts et de grosses tours. Là encore, les défenseurs du Mont surent faire preuve d'originalité. Ils prirent conscience des nouvelles données de la guerre, et du rôle de l'artillerie. Les tours rondes se révélaient fragiles face aux boulets. Pour la tour Boucle, Louis d'Estouteville adopta donc une forme de polygone qui résistait mieux : c'était le dessin du bastion qui allait se répandre dans tout l'Occident et c'en fut, au XVe siècle, l'un des premiers exemples. Vauban devait porter ce modèle à la perfection. Le Mont Saint-Michel était bien devenu, avec la guerre, l'une des plus redoutables forteresses de son temps.

Au temps des chevaliers de saint Michel

Par son prestige, Louis d'Estouteville put imposer son frère, le cardinal Guillaume d'Estouteville, comme abbé du Mont. Ce choix marquait une double évolution historique. D'une part le roi de France se voyait reconnaître par le pape le droit de nommer les évêques et certains abbés qui cessaient d'être élus. D'autre part, une abbaye pouvait être donnée à un clerc (parfois à

La crypte des Gros Piliers. (Photo Bertrand Dauleux)

La chapelle Saint-Martin (en vignette). (Photo Bertrand Dauleux)

un laïc) au lieu d'un moine, et l'abbé ne séjournait plus dans la communauté ; il se contentait de percevoir une grande part des revenus. C'était le système de la commende qui permettait au souverain de récompenser un conseiller, un courtisan ou un grand seigneur. Le cardinal Guillaume n'oublia pas son monastère : il obtint des indulgences qui favorisèrent les pèlerinages. Et la reconstruction du chœur commença, par la crypte dite des Gros Piliers. Le cardinal permit le procès en réhabilitation de Jeanne d'Arc, rachetant ainsi Robert Jolivet qui avait été parmi les juges de la Pucelle.

Louis XI vint deux fois au Mont. La maison de France voulut, comme les autres dynasties européennes, inventer son « ordre » de chevalerie. Comme saint Michel avait permis la victoire sur les Anglais, Louis XI groupa autour de lui des « chevaliers de saint Michel », choisis parmi les plus grands seigneurs du royaume. Un collier les distinguait avec une médaille qui représentait l'archange triomphant du dragon, une devise *Immensi tremor oceani,* la terreur de l'immense océan, et des coquilles.

Louis XI eut une idée plus lugubre. Ce monarque impitoyable fit installer au Mont une de ses « fillettes ». Cette cage de bois était suspendue à une voûte. A chaque mouvement du prisonnier qui y était enfermé, l'ensemble se balançait. L'exiguïté et la solitude étaient une torture.

La reconstruction du chœur de l'église fut achevée au début du XVIe siècle. Là, tout fut sacrifié à la verticalité. Les piliers, dépouillés de chapiteaux, et l'étroitesse des travées renforçaient l'impression de « jaillissement » et d'élan vertical. Avec les nervures prismatiques des voûtes, avec la dentelle de pierre du triforium, galerie ajourée de la tribune, et la forêt sculptée du chevet, l'architecture médiévale trouvait au Mont un dernier éclat, à travers l'art gothique flamboyant.

Le repli des temps modernes

A la Renaissance, l'abbaye était désormais loin des nouveaux centres artistiques et loin du pouvoir politique, et les monastères n'étaient plus des phares de la civilisation. Pourtant les rois de France, François Ier et Charles IX, firent encore le pèlerinage du Mont avec leurs courtisans. Ce rocher restait aussi une citadelle. Il fut encore l'enjeu de combats au moment des guerres de Religion. Les protestants cherchèrent à s'en emparer, car c'était un bastion de la Ligue, cette organisation catholique extrémiste. Pas moins de neuf assauts se succédèrent de 1577 à 1598.

Les abbés étaient choisis parmi les grandes familles du royaume, Cossé, Guise, Montmorency-Laval, mais ils ne venaient guère au Mont. C'est pourtant l'un de ces abbés commendataires qui y imposa un changement de vie. Les moines menaient une vie mondaine, et l'abbaye dépérissait. Au temps de l'abbé de Guise, il fut décidé d'installer des moines d'une congrégation bénédictine nouvelle, dite de Saint-Maur. Les « Mauristes » s'installèrent en 1622, témoignant de ce grand sursaut catholique qui allait marquer le XVIIe siècle. Ils se consacraient à l'étude. Ils sauvèrent les archives, les étudièrent avec soin et se firent historiens, ainsi dom Jean Huysnes et dom Thomas Le Roy. Mais les ressources de la communauté ne permettaient plus guère d'entretenir les immenses bâtiments qui se dégradèrent. Le goût avait changé et l'art médiéval, qualifié avec mépris de « gothique », c'est-à-dire de barbare, ne plaisait plus. Lorsque des travées de l'église s'effondrèrent, une façade classique ferma le sanctuaire à l'ouest : elle fut achevée en 1780.

Le monastère montois, comme bien d'autres, servait depuis longtemps de prison. Les moines s'occupaient de « messieurs nos exilés ». Certains étaient envoyés au Mont à la suite de lettres de cachet, condamnations royales sans appel, surtout pour des affaires d'Etat qui exigeaient le secret le plus absolu. Des ecclésiastiques, mais aussi des débauchés furent aussi relégués au Mont. Le futur roi Louis-Philippe, fils du duc d'Orléans, vint visiter le monastère en 1788, avec ses frères, et ils firent détruire la cage inventée par Louis XI, ce « monument de barbarie ».

La Révolution française entraîna la dissolution des ordres religieux, mais conserva au Mont sa malheureuse vocation carcérale. Tous les types

1

1 - Le cloître, étage supérieur de la Merveille, à l'ouest. (Photo Bertrand Dauleux)

2 - La galerie du cloître. (Photo Bertrand Dauleux)

3 - Les colonnettes du cloître. (Photo Hervé Champollion)

2

3

d'opposants politiques s'y succédèrent : des prêtres et des chouans, mais aussi Babeuf, le chef de la conspiration des Egaux. Puis chaque révolution, chaque émeute, chaque conspiration y envoyaient de nouveaux détenus. Parmi eux, le républicain Barbès, et Blanqui, l'éternel prisonnier. Le peintre Colombat réussit à s'évader, Barbès échoua.

En 1863, le Mont cessait d'être une prison. Les écrivains romantiques avaient remis l'art médiéval à la mode et le Mont leur plaisait par sa beauté farouche. En 1874, l'abbaye et les remparts devenaient « monument historique ». La restauration commençait. Et au moment du millénaire monastique en 1966, un moine puis une petite communauté se réinstallèrent au Mont.

Visiter le Mont Saint-Michel

Lorsque le visiteur parvient au pied du Mont Saint-Michel, il franchit d'abord trois portes, la **porte de l'Avancée**, la **porte du Boulevard**, enfin la **porte du Roy**. L'entrée de la ville était ainsi bien gardée : or c'était le point faible de toute citadelle. Les bombardes anglaises rappellent que le Mont a résisté à un long siège pendant la guerre de Cent Ans.

Le rue principale de la cité montoise conduit vers l'abbaye qui couronne le rocher. Un escalier monumental, appelé le **Grand Degré extérieur**, conduit de la ville au monastère. L'entrée, là aussi, était bien défendue. D'abord par une barbacane, ouvrage défensif crénelé, puis par le **Châtelet**, flanqué de deux tourelles. Mais les murailles même de l'abbaye étaient de véritables remparts, avec au nord, la masse de la Merveille gothique, et au sud, la succession des logis abbatiaux. La salle des gardes rappelle la vocation militaire du Mont, tout au long de son histoire.

Le **Grand Degré intérieur** conduit de la salle des gardes, jusqu'à une terrasse, le **Saut-Gautier**.

L'église abbatiale

On accède à la terrasse de l'ouest qui a remplacé les travées écroulées de l'église romane et qui domine la mer. La **façade classique** du XVIIIe siècle est très dépouillée. Le clocher a été reconstruit à la fin du XIXe siècle, en respectant les critères de l'art roman : il a été surmonté d'une flèche gothique, imitée de Notre-Dame de Paris, et surmontée d'une statue de l'archange saint Michel, qui terrasse le dragon, par Frémiet. Ainsi était achevée la silhouette contemporaine du Mont.

A l'intérieur de l'église, un blason rappelle les armes de l'abbaye, avec les coquilles, symboles de pèlerinage, et des fleurs de lys, signes de la protection du roi de France.

La **nef romane** accueillait les foules des pèlerins. Elle a été construite en deux temps, au XIe siècle, puis au XIIe siècle. Des colonnes adossées aux murs servaient de contreforts intérieurs et de forts piliers permettaient de supporter une charpente de bois, plus légère qu'une voûte de pierre. Des bas-côtés vinrent soutenir cet immense vaisseau. La nef était rythmée par des travées, et, en hauteur, par trois étages : de grandes arcades, des tribunes, des fenêtres hautes. Quant aux bras du transept, ils reçurent des voûtes de plein cintre. Elles étaient disposées pour contrebuter la croisée du transept. Le chœur roman s'écroula plus tard.

Il fut remplacé à la fin du XVe siècle par le **chœur flamboyant**. Les trois étages de la nef s'y retrouvaient, mais l'élan vertical de l'ensemble primait. Le triforium était l'élément décoratif original : cette galerie à claire-voie laissait pénétrer la lumière. Avec ses arcs et ses ogives de forme élancée — ou lancettes —, c'est une véritable dentelle de pierre. Un déambulatoire tournait autour du chœur pour permettre aux fidèles d'assister aux cérémonies.

Pour étayer les voûtes du chœur, très hautes, des arcs-boutants s'appuyèrent sur des colonnes et des murs à l'extérieur. L'ensemble de ce **chevet** forma un quart de sphère, où le génie décoratif de l'art dit flamboyant multiplia les pinacles, pyramides de pierre, ornées de fleurons ou fleurs de pierre.

L'**escalier de dentelle** permet d'escalader le chevet de l'église, et de découvrir, du sommet de l'abbaye, toute la baie.

1

1 - Le réfectoire des moines,
étage supérieur de la Merveille, à l'est.
(Photo Bertrand Dauleux)

2 - La salle des Hôtes, étage intermédiaire de la Merveille, à l'est. (Photo Bertrand Dauleux)

3 - L'aumônerie gothique, étage inférieur.
(Photo Bertrand Dauleux)

2

3

Les bâtiments conventuels romans et les cryptes

Au nord de l'église et au même niveau qu'elle, se trouvait le dortoir. A l'étage inférieur, **Notre-Dame-des-Trente-Cierges** était la crypte qui soutenait le bras nord du transept : elle était consacrée à la Vierge. Le **promenoir des moines** est une belle salle, voûtée d'ogives. Au-dessous, l'aumônerie romane a reçu le nom de **salle de l'Aquilon**. Proche de l'entrée de l'abbaye romane, elle permettait d'accueillir les pèlerins. Cette salle reçut des voûtes d'arêtes, qui annonçaient les voûtes d'ogives.

La technique de la voûte s'améliorait et se diversifiait. Le berceau de plein cintre était lourd, donc ne pouvait avoir qu'une ampleur limitée. En croisant perpendiculairement deux voûtes de plein cintre, les architectes obtenaient une voûte d'arêtes. Mais cet assemblage avait tendance à se déformer. On remplaça les arêtes par des nervures de pierre, taillées puis ajustées avec soin ; elles se croisaient et équilibraient l'ensemble en retombant sur des piliers. Ainsi seul comptait le squelette de pierre. Cette voûte d'ogives permettait plus d'ampleur et plus de souplesse : elle annonçait les prouesses de l'âge gothique.

Robert de Thorigny avait installé ses **appartements**, modestes, à l'ouest, un peu à l'écart des moines. Au-dessous, deux cachots étaient enfouis dans le sol, ils sont connus sous le nom des Deux Jumeaux.

Notre-Dame-sous-Terre est l'église préromane : elle fut ensuite transformée en crypte. L'abbaye se prolongeait au sud par les bâtiments qui accueillaient les pèlerins, mais l'hôtellerie s'est effondrée au début du XIXe siècle. Une **grande roue** a été installée tout près. Des hommes marchaient à l'intérieur et pouvaient ainsi hisser un chariot, le long du poulain, véritable échelle de pierre, inclinée le long du rocher.

La **crypte Saint-Martin** soutient le bras sud du transept. Sa voûte en plein cintre est un modèle d'austère rigueur. La **crypte des Gros Piliers** a été construite à la fin du Moyen Age, de 1446 à 1450, pour étayer le nouveau chœur. Dix énormes piliers ont été élevés, dont deux évoquent des palmiers.

La Merveille gothique

Au niveau supérieur, le **cloître** était le lieu de la promenade et de la conversation. Le petit jardin suspendu est entouré de galeries, couvertes d'une charpente de bois. Pour la supporter, les colonnettes de granitelle rose ont été disposées « en quinconce » : cette série de trépieds donne à l'ensemble une bonne stabilité. Au-dessus, entre les arcades, le calcaire de Caen, très tendre, a permis, pour les écoinçons, une décoration raffinée, où le thème végétal domine. Les sculptures ont été dégagées sur un fond d'ombre. Quelques écoinçons sont ornés de figures : l'agneau pascal, le Christ, saint François d'Assise. Sur le mur méridional, le *lavatorium* fut disposé avec son double banc et sa fontaine : l'abbé lavait les pieds des moines, comme le Christ ceux de ses apôtres. Les trois baies devaient conduire à la troisième partie de la Merveille, à la salle du chapitre, qui n'a pas été construite. Au coin nord-ouest se trouve le chartrier, où étaient conservées les chartes, les archives de l'abbaye.

Au même niveau, le **réfectoire** accueillait, pour les repas, les moines, qui mangeaient en silence. Un moine lisait des textes sacrés. Sa chaire est logée dans la paroi méridionale et toute la salle, grâce à son excellente acoustique, portait sa voix. A une voûte de pierre, qui aurait été trop lourde, les architectes ont préféré une couverture de bois, comme une immense carène renversée. Les fenêtres hautes et étroites, véritables meurtrières, encadrées de colonnettes, sont invisibles de l'entrée, et pourtant déversent la lumière, sans affaiblir les murs épais.

Au deuxième étage de la Merveille, la **salle des Chevaliers** était le lieu où travaillaient et étudiaient les moines. Son nom rappelle l'ordre de chevalerie, créé par Louis XI. C'était aussi le *scriptorium*, l'atelier des copistes et des enlumineurs. Les grandes cheminées permettaient de chauffer cette salle, d'où son nom de « chauffoir ». De larges fenêtres faisaient pénétrer une lumière abondante, indispensable pour le travail. Les robustes piliers sont ornés de feuillages et supportent de belles voûtes d'ogives. Des latrines ont été aménagées derrière les cheminées.

Au même étage, à l'est, la **salle des Hôtes** accueillait les visiteurs illustres que l'abbaye voulait honorer. Deux nefs où l'on allongeait les tables, deux grandes cheminées où l'on prépa-

La salle des Chevaliers, étage intermédiaire de la Merveille, à l'ouest. (Photo Bertrand Dauleux)

Le cellier, étage inférieur de la Merveille, à l'ouest. (Photo Bertrand Dauleux)

rait la cuisine, des latrines dans le mur nord : c'est l'équipement d'une salle de réception. Par l'élégance des ogives et des colonnes, par la luminosité assurée par les grandes baies, par la beauté des feuillages stylisés, l'art gothique se faisait art d'apparat. C'est l'une des plus élégantes créations de l'architecture civile au Moyen Age. Dans la chapelle Sainte-Madeleine voisine, les invités faisaient leurs dévotions, avant et après le repas.

A l'étage inférieur, le **cellier** et l'**aumônerie** sont d'une grande simplicité et d'une belle robustesse. Une baie et une rampe permettaient de hisser les vivres dans le cellier. Dans l'aumônerie, étaient accueillis les pèlerins les plus pauvres.

Une tour, la **tour des Corbins** ou des Corbeaux, à l'angle sud-est de la Merveille, permettait de passer d'un étage à l'autre. Elle fut couronnée d'un toit pyramidal de pierre.

Au-dessus de la salle des gardes, **Belle-Chaise** devait son nom au siège que l'abbé Pierre le Roi y avait fait installer, pour rendre la justice.

Cette salle faisait partie des **logis abbatiaux** qui se dressent au sud de l'abbaye et qui étaient le palais de l'abbé.

La ville et ses remparts

La petite bourgade normande se blottit au pied de l'abbaye, à laquelle elle fut toujours liée. Autrefois, les pèlerins y trouvaient déjà des auberges et des tavernes, et y achetaient des enseignes de pèlerinage. Quelques maisons anciennes ont survécu, comme la maison de l'Arcade, la maison des Artichauts, ou l'hôtellerie de la Licorne, d'autres ont été restaurées comme le logis dit de Tiphaine Raguenel. Quant à la Mère Poulard, Anne Poulard, elle se fit connaître pour son hospitalité et son omelette.

L'église paroissiale fut dédiée à saint Pierre.

Cette ville a été protégée par des remparts, que le visiteur doit suivre. La **tour du Nord** est la plus haute de l'enceinte ; la **tour Boucle** est la plus originale ; la partie des remparts, de la tour Boucle à la porte du Roi, a été construite au début du XVe siècle, en pleine guerre de Cent Ans et avant le long siège du Mont. La **tour Gabriel** doit son nom à l'ingénieur Gabriel Dupuy qui la fit construire. Un moulin à vent fut installé sur la plate-forme au XVIIe siècle. Elle protégeait l'enceinte des Fanils, où se trouvent les entrepôts de l'abbaye. Au pied du rocher, il faut découvrir aussi la **fontaine Saint-Aubert**.

Caractéristiques principales du Mont-Saint-Michel

Longueur de la digue d'accès au Mont : 1,9 km.

Périmètre du Mont : 1 km.

Altitude de l'abbaye par rapport au niveau de la mer : 78,60 m.

Dimensions de l'Archange : du socle à l'épée : 4,50 m ; l'Archange seul : 2,80 m ; poids : 450 kg.

La ville vue du chevet de l'église. (Photo Bertrand Dauleux)

Maison des artichauts. (Photo Patrick Béroul)

La Grand-Rue. (Photo F. Hamon/ Andia)

L'église paroissiale et le cimetière. (Photo Hervé Boulé)

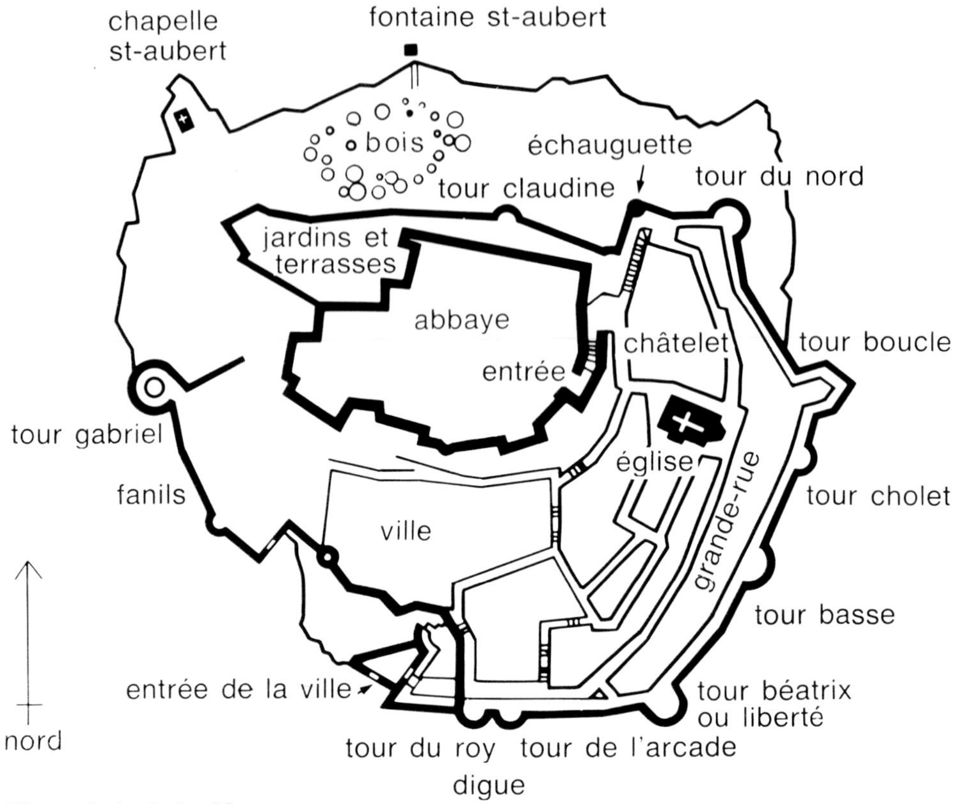

Plan général du Mont

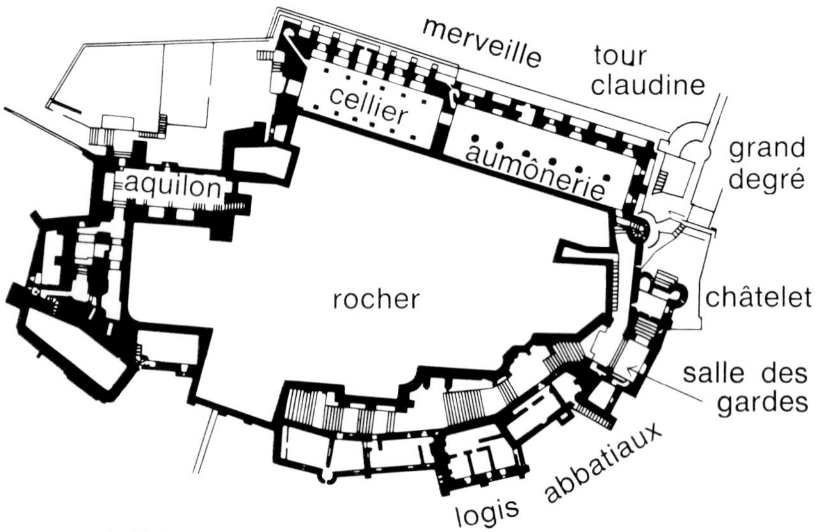

Niveau inférieur

La roue. (Photo Hervé Champollion)

La tour du nord. (Photo Bertrand Dauleux)

Les remparts. (Photo Bertrand Dauleux)

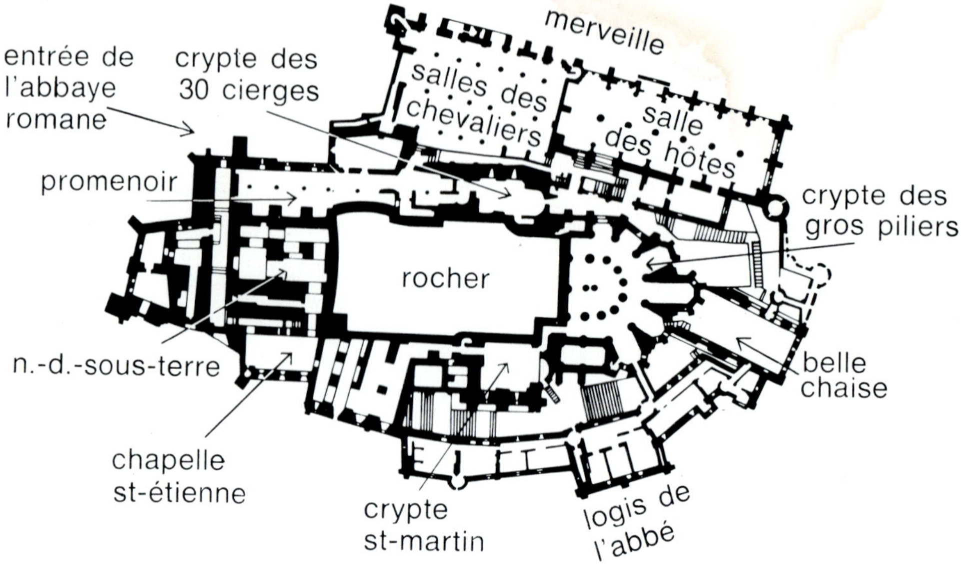

Niveau intermédiaire

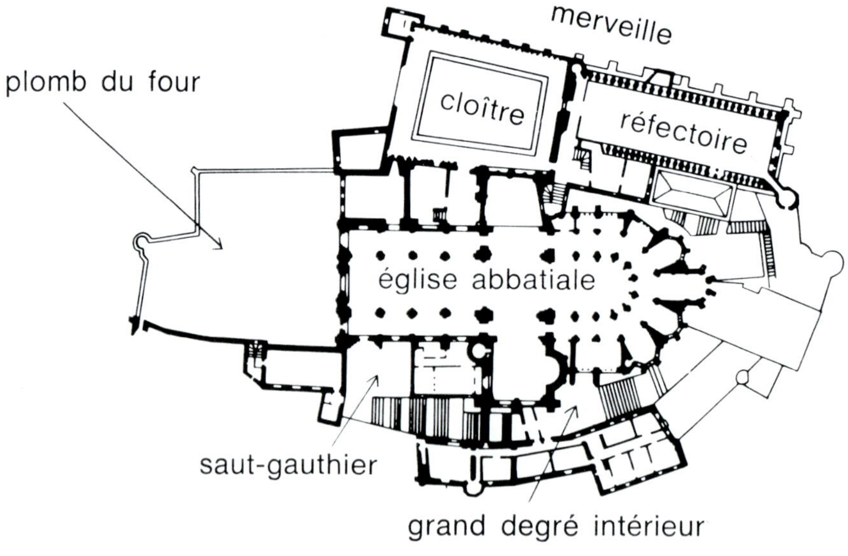

Niveau de l'église

Plans B Thomazeau

En première de couverture : La silhouette du Mont-Saint-Michel. (Photo Nicolas Fediaevsky)

En quatrième de couverture : Les logis abbatiaux. (Photo Hervé Boulé)

Imprimerie Raynard, La Guerche-de-Bretagne (35)
 - I.S.B.N. 2.7373.1136.5 - Dépôt légal : juin 1992 - N° éditeur : 2465.02.09.03.93